"震"相大白：
地震应急避险手册

上海市地震局 ◎ 编

地震出版社

图书在版编目（CIP）数据

"震"相大白：地震应急避险手册 / 上海市地震局
编. -- 北京：地震出版社，2023.9（2024.9重印）
　　ISBN 978-7-5028-5550-5

　　Ⅰ.①震…　Ⅱ.①上…　Ⅲ.①地震灾害－灾害防治－
手册　Ⅳ.①P315.9-62

　　中国国家版本馆CIP数据核字（2023）第045369号

地震版　　XM5866/P（6372）

"震"相大白：地震应急避险手册
上海市地震局 ◎ 编

责任编辑：郭贵娟
责任校对：凌　樱

出版发行：**地震出版社**
　　　　　北京市海淀区民族大学南路9号　　　　　邮编：100081
　　　　　发行部：68423031　　　　　　　　　　传真：68467991
　　　　　总编室：68462709　68423029
　　　　　专业部：68467982
　　　　　http：//seismologicalpress.com
　　　　　E-mail：dz_press@163.com
经销：全国各地新华书店
印刷：河北华强印刷有限公司

版（印）次：2023年9月第一版　2024年9月第二次印刷
开本：880×1230　1/32
字数：105千字
印张：3.625
书号：ISBN 978-7-5028-5550-5
定价：32.00元

专 家 顾 问　李红芳　　陈乃其　　薛　萍

韦　晓　　毕　波　　季忠平

吕恒俭　　章　纯

项目组成员　刘子一　　杜　励　　田　甜

汪岸杨　　张　林　　陈子琳

前 言

生活在上海的你，一定觉得地震离你很遥远。然而，1996 年 11 月 9 日长江口以东海域发生的 6.1 级地震，上海普遍有感，高层建筑震感强烈，这在当时的上海引起了不小的影响。而今，如果有类似的地震袭击上海，请你思考这样一个问题："你能在地震中从容应对、全身而退吗？"

本书记载了各种防震知识和应对策略，将会成为你的地震应急避险手册，在紧急时刻为您的安全保驾护航。当然，这本书也适用于上海之外的朋友。现在让我们马上开启一场地震冒险之旅，让"震"相大白吧！

📖 "震"相大白 图说地震
传播科学

目 录

目 录

第一章
认识地震

如果提这样一个问题：上海会不会发生地震？你的回答是什么？

是斩钉截铁地说不可能，还是对地震心存畏惧，每日提心吊胆不敢睡？

翻开此章，你能系统地了解我国地震活动的特点，第一时间读懂地震信息，弄明白为什么一次地震会有多种速报结果，搞清楚地震震级与地震烈度的区别和联系。最重要的是，关于上海会不会发生地震这一疑问，你可以从中找到答案。

上海会不会发生地震

地震是个"无敌破坏王",会毫不留情地夺走人类的生命、文明以及希望。地震如此可怕,住在上海的各位朋友一定会问:"上海会不会发生地震?"答案是"会!"今天就让我们来聊一聊上海为什么会发生地震。

上海是一座易受地震影响的城市

◆ 地理环境

地处"环太平洋地震带"附近。

审图号:GS(2016)1613号

自然资源部 监制

▨▨▨ 环太平洋地震带

(底图来源:http://bzdt.ch.mnr.gov.cn/browse.html?picId=%224o28b0625501ad13015501ad2bfc0058%22)

◆ 地质条件

地基薄弱,覆盖着最深达 400 米左右的软土层,对地震动有放大作用。

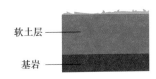

软土层

基岩

3

◆ 财富聚集

2022 年 GDP：44652.80 亿元，经济总量继续保持全国经济中心城市首位。

◆ 生命线工程错综复杂

2 个国际机场、3 个大型火车站、19 条地铁线、1000 多条公交线、成千上万条供水、供电、供气管道……

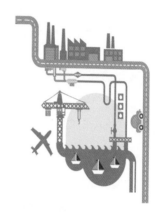

◆ 人口密集

2022 年常住人口：2475.89 万；
2022 年户籍常住人口：1469.63 万；
2022 年外来常住人口：1006.26 万。

◆ 高楼林立

已建成的、高度在 200 米以上的高层建筑：70 栋。其中，632 米的上海中心大厦是上海的"第一高度"。

上海每年都会发生地震

 其实，上海行政区内每年都会发生地震（平均约为 5 次/年），只是因为大多数地震的震级太小而未受到关注。

据清康熙年间的《松江府志》记载，1624 年 9 月 1 日，上海还发生过一次 4¾ 级地震，此次地震对一些房屋造成了破坏，地震的影响最远波及江苏常熟。

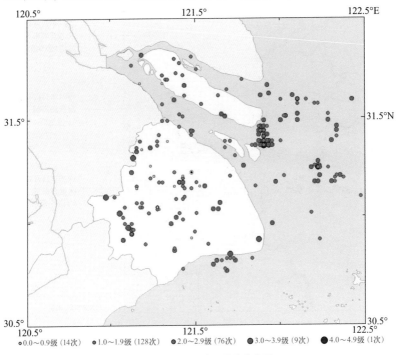

1970 年以来上海地震震中分布图

（数据统计截至：2022 年 12 月 31 日）

○0.0～0.9级 (14次) ●1.0～1.9级 (128次) ●2.0～2.9级 (76次) ●3.0～3.9级 (9次) ●4.0～4.9级 (1次)

周边地区及远距离地震对上海的影响

◆ 周边地区地震的波及影响

1984 年 5 月 21 日，南黄海海域发生 **6.2 级**地震，上海东北部以东地区强烈有感，建筑物有轻微损坏，川沙还有少数厕棚倒塌。

1996 年 11 月 9 日，南黄海海域发生 **6.1 级**地震，上海普遍有感，高层建筑震感强烈，东方明珠电视塔顶有 3 根避雷针因被折断而坠落；崇明东部庙镇（原江口镇）、港东镇（原港东乡）建筑物有轻微损坏。

2021 年 11 月 17 日，江苏盐城市大丰区海域发生 **5.0 级**地震，上海普遍有感。这是近年来上海遭遇的有感范围最大的一次地震。

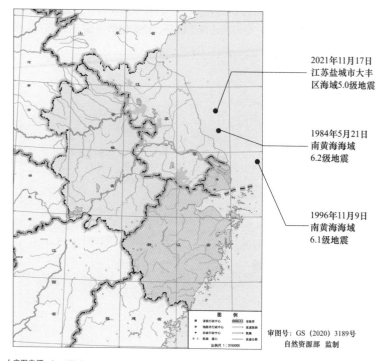

2021年11月17日
江苏盐城市大丰
区海域5.0级地震

1984年5月21日
南黄海海域
6.2级地震

1996年11月9日
南黄海海域
6.1级地震

审图号：GS（2020）3189号
自然资源部 监制

（底图来源：http://bzdt.ch.mnr.gov.cn/browse.html?picId=%224o28b0625501ad13015501ad2bfc0031%22）

上海周边地区地震比较活跃，海域地震频度和强度均大于陆域地震，6.0级以上地震主要发生在南黄海、长江口以东海域和江苏西南地区。

◆ 远距离地震的波及影响

近年来，上海也时常受到远距离地震的波及影响，如2008年四川汶川8.0级地震、2013年台湾南投6.5级地震、2015年东海海域7.2级地震、2019年台湾花莲6.7级地震等，上海部分地区的高层建筑震感明显。

相对于西部多震省份而言，上海处在少震、弱震区，发生中强地震的次数少。但是无论是上海本身的地理位置、地质条件、城市定位等因素，还是周边地区及远距离地震的波及，都促使上海成为一座易受地震影响的城市，一旦发生破坏性地震，各项损失都将远超其他地区。因此，排查震灾风险，消除安全隐患，掌握避险技能，增强减灾意识，才能筑牢我们城市的地震安全防线。

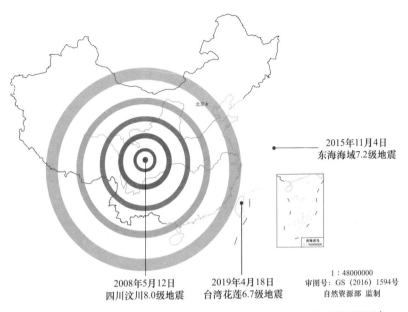

2015年11月4日
东海海域7.2级地震

1 : 48000000
审图号：GS（2016）1594号
自然资源部 监制

2008年5月12日
四川汶川8.0级地震

2019年4月18日
台湾花莲6.7级地震

（底图来源：http://bzdt.ch.mnr.gov.cn/browse.html?picId=%224o28b0625501ad13015501ad2bfc0031%22）

中国地震知多少

地震集中发生的区域称为地震带。世界上有三大地震带，分别是环太平洋地震带、欧亚地震带和海岭地震带。

我国地处环太平洋地震带与欧亚地震带两大地震带之间，是遭受地震灾害最为严重的国家之一。由于受到印度洋板块的碰撞挤压和太平洋板块的俯冲推挤，**中国的地震活动较为活跃**，主要分布在5个地区的23条地震带上。

这5个地区分别为台湾及周边海域、华北平原、西南、西北及东南沿海地区。总体来说，强震的分布具有"西多东少"的特点。

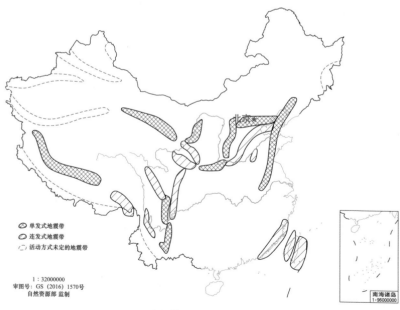

1 : 32000000
审图号：GS (2016) 1570号
自然资源部 监制

南海诸岛
1:96000000

中国地震活动带分布图

（底图来源：http://bzdt.ch.mnr.gov.cn/browse.html?picId=%224o28b0625501ad13015501ad2bfc0031%22）

中国地震活动的特点

◆ **地震多**

中国（大陆地区）年平均发生 24 次 5.0 级以上地震，4 次 6.0 级以上地震，0.6 次 7.0 级以上地震。

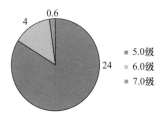

中国年平均发震次数

◆ **强度大**

21 世纪以来全球共发生 23 次 8.0 级以上地震，绝大多数发生在海洋里，仅有的 3 次 8.0 级以上陆域地震均发生在中国大陆地区及附近。

◆ **分布广**

中国有 30 个省份发生过 6.0 级以上地震，19 个省份发生过 7.0 级以上地震，12 个省份发生过 8.0 级以上地震。

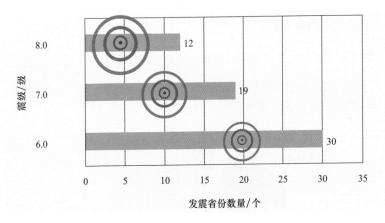

中国发震情况

◆ **震源浅**

中国地震 **94%** 以上都是浅源地震，极易对地表的建筑物造成较为严重的破坏。

中国地震灾害的特点

◆中国是全球地震灾害最严重的国家之一

20 世纪的统计数据表明，中国人口约占全球人口的 1/4，但陆域地震次数占全球陆域地震的 1/3，而地震造成的人员死亡数量占了全球的 1/2。

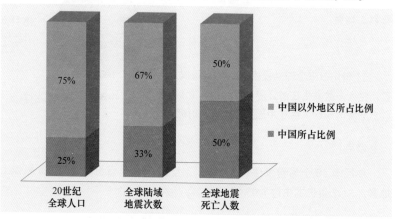

20 世纪中国及中国以外地区的人口、发震及受震灾死亡人数对比情况

◆地震是造成中国人员死亡最多的自然灾害

20 世纪后半叶中国自然灾害造成人员死亡比例为：地震灾害占 54%，气象灾害占 40%，地质灾害占 4%，海洋与林业灾害占 1%，其他灾害占 1%。

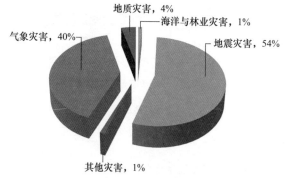

20 世纪后半叶中国自然灾害死亡人数统计

如何读懂地震信息

地震发生后，地震部门第一时间发布相关地震信息，这些信息里面包含许多要素：时间、地点、震级、震源深度、震中距等。可别小看这些要素，里面可是蕴含了不少科学密码，你能一一破解吗？别着急，我们一起耐心往下看。

 2021 年 11 月 17 日，江苏盐城市大丰区海域发生 5.0 级地震，上海浦东、青浦、闵行、静安、虹口、杨浦、普陀、嘉定、黄浦、宝山等大部分区均有震感。

2021.11.18 星期四
编辑 唐舸 张勇

江苏盐城海域发生 5 级地震
上海有震感

晨报记者徐妍斐报道 据中国地震台网正式测定：11 月 17 日 13:54，在江苏盐城市大丰区海域（北纬 33.5 度，东经 121.19 度）发生 5 级地震，震源深度 17 公里，距人民广场 254 公里。震中周边 200 公里内近 5 年发生 3 级以上地震 13 次。此次地震上海有震感，不少上海网友纷纷表示震感强烈。

七要素话地震

通过下图我们可以看到，地震自动速报的时间和正式速报的时间有所差异，那么你知道这是为什么吗？地震自动速报由计算机系统自动完成，力求"快速"。然而地震信息还应更加"精准"，因此，地震工作者争分夺秒地进行人工复核，继而发布正式速报结果。

"震"相大白：地震应急避险手册

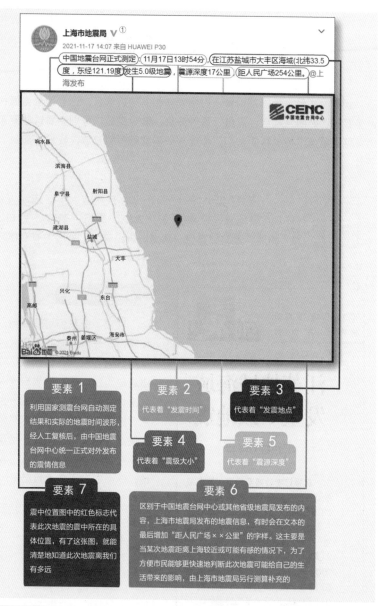

上海市地震局 v ①
2021-11-17 14:07 来自 HUAWEI P30

中国地震台网正式测定：11月17日13时54分，在江苏盐城市大丰区海域(北纬33.5度，东经121.19度)发生5.0级地震，震源深度17公里，距人民广场254公里。@上海发布

要素 1
利用国家测震台网自动测定结果和实际的地震时间波形，经人工复核后，由中国地震台网中心统一正式对外发布的震情信息

要素 2
代表着"发震时间"

要素 3
代表着"发震地点"

要素 4
代表着"震级大小"

要素 5
代表着"震源深度"

要素 7
震中位置图中的红色标志代表此次地震的震中所在的具体位置，有了这张图，就能清楚地知道此次地震离我们有多远

要素 6
区别于中国地震台网中心或其他省级地震局发布的内容，上海市地震局发布的地震信息，有时会在文本的最后增加"距人民广场××公里"的字样。这主要是当某次地震距离上海较近或可能有感的情况下，为了方便市民能够更快速地判断此次地震可能给自己的生活带来的影响，由上海市地震局另行测算补充的

---

① 资料来源：https://weibo.com/2463628355/L1TFQ8qCs。

因此，地震信息发布与传统的单次发布方式有所不同，采取"自动＋正式"的发布方式。地震发生后首先发布自动速报结果，第一时间提供发震时间、发震地点、震级等大致的基本信息以便政府相关部门及时开展应急处理；待人工复核完成后再发布正式速报结果，最终参数以正式速报为准。

目前，我国已经实现了国内地震 **2 分钟**自动速报、**京津沪冀地区 10 分钟**正式速报、**其他地区 15 分钟**正式速报。速报结果经中国地震台网中心人工复核后，通过电视、广播、手机短信、网站、微博和移动应用等方式发布。

小 提 示 ①

为什么会存在多种速报结果？

地震速报需要满足"快速"且"精准"的要求，会存在如下几个时间节点和震级响应标准（以上海为代表的省级台网为例）。

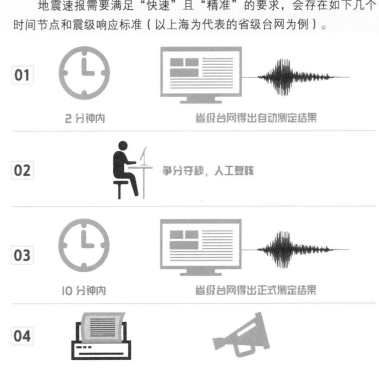

01	2 分钟内	省级台网得出自动测定结果
02		争分夺秒，人工复核
03	10 分钟内	省级台网得出正式测定结果
04		通过专用平台上报至中国地震台网中心，中国地震台网中心人工复核后，上报中国地震局和各级政府并通过多种渠道对外发布

小 提 示 2

目前测定震级的普遍方法是利用不同方位、不同震中距的台站记录到的地震波形最大振幅测定结果进行平均值计算。

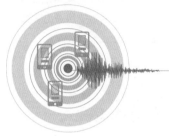

地震发生后，公众都希望第一时间了解地震信息，这时地震部门需要"快"字当先，利用离震中相对较近的台站数据进行地震速报。

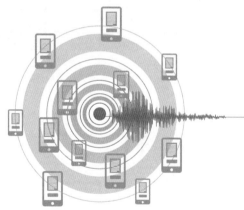

时间一分一秒
地过去……

而随着时间的推移，越来越多的台站加入震级计算，台站分布趋于合理，计算结果也变得更加精确。

在地震发生后一段时间内，尤其是一些强震，其震级测定的结果都是不断被修正的。

小 提 示 3

为什么震中距显示："距离人民广场 × × 公里"？

上海市地震局发布的地震信息中，震中距显示"距离人民广场 × × 公里"，而不是"距离徐家汇 × × 公里"或"距离五角场 × × 公里"，其实和一个著名的地标有关。

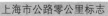
上海市公路零公里标志

在上海市中心人民广场，有一个非常特别的铜铸地标——上海市公路零公里标志，它与人民广场国旗旗杆、上海博物馆在同一轴线上，它标识着 318 国道等多条道路的起点，是上海城市中心点的象征。当上海行政区内或周边发生地震时，上海市地震局就以此标志为起始来测算震中距。

双面地震波

地震作为地球内部的一种震动，会产生一系列波动，即地震波。

地震波是造成各种地震灾害的罪魁祸首，它除了给人类带来灾难，难道就没有一点值得肯定的地方吗？这节将带你认识一个全新的"地震波"。

地震波——传播"震"能量

一次破坏性地震发生时，地震的能量突然在震中释放，通过地震波向四面传播。地震引起的地面震动会造成建筑物的倒塌和人员的伤亡。

◆认识"地震波家族"

正如阳光是由红、橙、黄、绿、青、蓝、紫七色光谱组成的，地震波也不是单一的波。

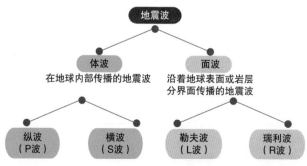

1. 纵波（P波）

纵波（P波）是地震时传播速度最快的波，质点沿着波的传播方向做压缩和拉伸运动。

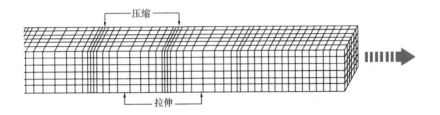

2. 横波（S波）

横波（S波）比纵波传播速度慢，质点的运动方向和传播方向互相垂直，介质产生剪切应力。

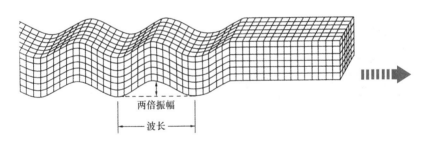

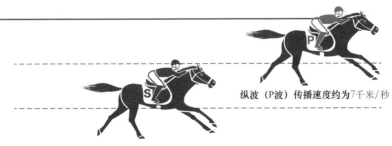

纵波（P波）传播速度约为7千米/秒

横波（S波）传播速度约为4千米/秒

3．勒夫波（L波）

勒夫波（L波）是在半无限介质之上出现低速层的情况下，一种垂直于传播方向且在水平面内振动的波。由于振动平行于地面，结果导致地面发生一种蛇形前进的横向波动。

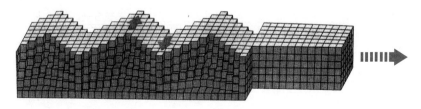

4．瑞利波（R波）

瑞利波（R波）振动方式兼有纵波和横波的特点，类似于质点做圆周式振动的水波。

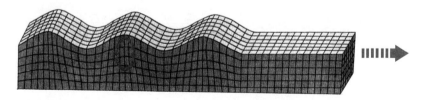

◆ 发现身边的地震波

人耳能听到的声波频率范围为20～20000赫兹；而地震波的频率低于20赫兹，因此人类听不到地震波发出的声音。

公元132年，东汉时期的科学家张衡发明候风地动仪，这是世界上第一台测定地震方位的仪器。

候风地动仪外形像一个酒樽，在樽的外部设置了8个龙首，口含小铜珠，每个龙头下都有一只蟾蜍张口向上。8个龙首代表东、南、西、北、东南、西南、东北、西北8个方位。地动仪里面有精巧的结构，主要为中间的都柱和它周围的8套牙机装置。若是感应到地震，都柱之内候风摆则轻微摆动，触发牙机，使相应的龙口张开，小铜珠落入蟾蜍口中，便可知道地震发震方位。

现今，科技人员通过设置在全国各地的地震仪，捕捉和记录地震发生后产生的地震波，对波形进行解读之后可以快速并准确地获取发震时间、发震地点和震级大小等信息。

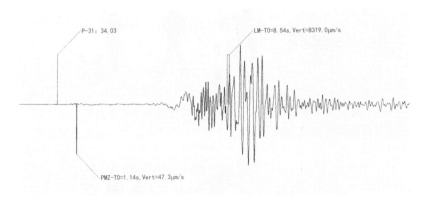

上海市地震监测台网记录到的 2008 年 5 月 12 日四川汶川 8.0 级地震波形图

目前，我国建立了由测震台网、地球物理观测网和强震动观测网组成的观测技术系统，与之配套的还有全国主干通信网、区域通信网、地震速报网组成的地震信息传递系统和以计算机网络为主体的地震信息储存、处理系统。通常我们把这三大系统称为地震监测系统。

感 受 地 震 波

问题 1 地震发生时，处于震中的人和距离震中较远的人会有什么不一样的感受？

处于震中的人们，很难用感觉来区别地震波之间的差别，因为距震中近，纵波、横波到达时间非常接近，感觉到的就是**大幅度的摇晃或扭动**。

处于震中

● 距离震中稍远的人们，会感受到一种复杂运动，上下颠簸——水平晃动——摇动——纵向、垂直向摇滚运动。

离震中稍远

● 距离震中较远的人们，首先感到明显的垂直方向振动，过一会儿才感觉到**明显的大幅度晃动**，这中间的时间差，就是纵波与横波的时间差。

离震中较远

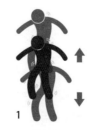

1

2

问题2 地震发生时，地震波是如何造成建筑物破坏的？

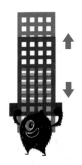  

第1步 纵波先上

纵波让建筑物上下颠簸，承重的柱子和墙体松动。

第2步 横波作帮凶

横波用更大的力前后或左右摇晃，让已经松动的建筑物中心偏离，墙体发生错位。

第3步 面波给出致命一击

面波振幅大，不仅能让地表波浪起伏，还能让建筑物左右扭动，来回反复拉扯，直到建筑物倒塌。面波是地震时造成地表建筑物破坏的重要原因之一。

地震波——揭秘"震"科学

地震波是目前我们所知道的唯一一种能够穿透地球内部的波。

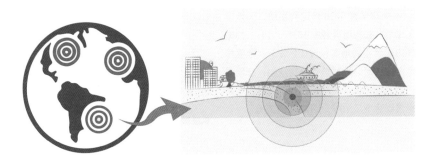

◆ 照亮地球内部的明灯

现在我们已经知道地球可以分为**地壳、地幔和地核**，地核包括一个液态的外核和一个固态的内核。

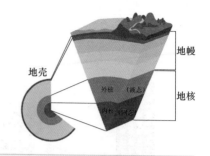

科学家是如何通过天然地震来获知地球内部构造的？

1906 年，奥尔德姆首先试图从地震波穿过地球的时间来推断整个地球内部构造。

1909 年，莫霍洛维奇根据近震初至波的走时，算出地下 56 千米处存在一个间断面，间断面以上物质的平均速度为 5.6 千米 / 秒，间断面以下物质的平均速度为 7.8 千米 / 秒。

后来发现，无论是海洋还是大陆，绝大多数地区都存在这个间断面，通常称它为莫霍界面，其平均深度约为 30 千米，莫霍界面以上的部分称为地壳，莫霍界面以下的部分称为地幔。

地震学家在 20 世纪初发现，大地震发生后，在距地震中 103° ～ 143° 的范围内记录不到地震纵波（P 波）。地震学家由此猜想，地球具有分层结构，**在地球内部有一个低速的地核**，由于折射，地震纵波到达不了 103° ～ 143° 的范围。

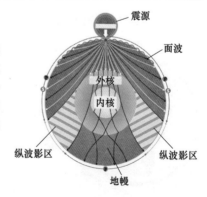

1914 年，古登堡根据地震体波的"影区"确认了地核的存在，并测定地幔和地核之间的间断面，其深度约为 2900 千米。这个数值相当准确，直到现在也改进不多。

根据地核不能传播横波（横波不能在液体中传播）的特性，地震学家又推断出地核是液态的。

1936 年，莱曼通过对体波"影区"的进一步研究，发现了在液态的地核中还有一个固态的地核，称之为内核。

◆ 探明地下结构和资源

地震波应用的一个重要方面是地震勘探。在第一次世界大战期间，交战双方都曾利用重炮后坐力产生的地震波来确定对方的炮位，这可以说是地震勘探的萌芽。

地震勘探具有其他地球物理勘探方法所无法达到的精度和分辨率，因此在石油和其他矿产资源的勘探中，用地震波进行勘探是最主要和最有效的一种方法。

各种矿产资源在构造上都会具有某种特征，如石油、天然气只有在一定封闭的构造中才能形成和保存。地震波在穿过这些构造时会产生反射和折射，通过分析地表上接收到的信号，就可以对地下岩层的结构、深度、形态等做出推断，从而为以后的钻探工作提供准确的定位。

图 1 利用一台汽车发出的震动产生向下传播的地震波，从地下岩层反射回来的地震波被部署在另一台汽车的地震仪器接收，经过处理，得到了如图 2 所示的地下岩层的结构。

图 1   图 2

通过地震波可以研究城乡地下结构、断层构造与分布、断层活动性、地裂缝、地面沉降速度等，为城乡规划与建设提供依据。

◆ 硬核减灾的地震预警

什么是地震预警呢？

地震预警是指突发性强（大）震已发生，抢在严重灾害尚未形成之前发出警告并采取措施的行动。

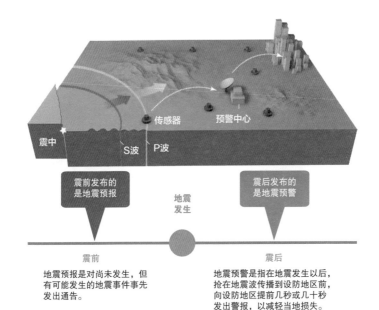

传感器　预警中心

震中　S波　P波

震前发布的是地震预报

地震发生

震后发布的是地震预警

震前

地震预报是对尚未发生，但有可能发生的地震事件事先发出通告。

震后

地震预警是指在地震发生以后，抢在地震波传播到设防地区前，向设防地区提前几秒或几十秒发出警报，以减轻当地损失。

　　地震预警时间一般有数秒到数十秒，如果能够合理利用，紧急制动高速行驶的列车，自动关闭燃气管道阀门、供电系统，使核电站停堆等，可以减小或消除重大工程、生命线工程发生严重灾害的可能性。

安全出口

疏散密集人群　　　　　　及时躲避　　　　　　高铁、地铁制动

停止手术　　　　　停止危险动作　　　　核电站、化工厂停止生产

◆服务国防，还原真相

截至 2022 年 9 月，约有 185 个国家正式签署了《全面禁止核试验条约》（CNTBT），其中有 173 个国家批准了该条约。然而，世界上仍有国家开展核试验，这严重威胁着世界和平和人类生存安全。

如何有效地监测全球地下核爆炸？

地下核爆炸和天然地震一样也会产生地震波，会在各地地震台的记录上留下痕迹。而地下核爆炸和天然地震的记录波形是有一定差异的，因此根据其波形不仅可以将它与天然地震区分开来，还可以给出其发生时刻、位置、当量等。

2006 年 10 月 9 日朝鲜核试验，释放的地震波能量相当于 4.0 级天然地震，其记录特征是"大头小尾"，而 2006 年 7 月 4 日中国河北文安 5.1 级天然地震产生的地震波，它的特征是"小头大尾"。

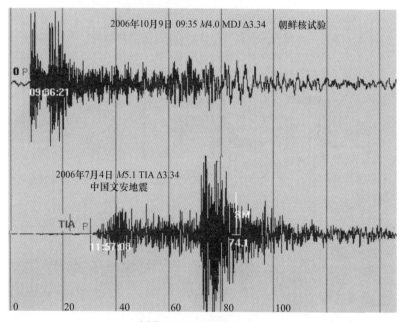

（来源：ISC Report，2008，London）

潜艇沉没的真相到底是什么？

2001 年，俄罗斯的库尔斯克号潜艇沉入巴伦支海，俄罗斯当局早先将这一事件归罪于一艘不明身份的外国潜艇的碰撞。

波罗的海附近的地震台记录到了库尔斯克号上爆炸引起的地震波。下图的每一条横线代表不同位置的地震台记录到的地震波，通过这些地震波可以精确地测定爆炸的地点和爆炸的次数，分析结果表明，这场悲剧是潜艇尚在水面时由艇上的一枚鱼雷意外爆炸，随即在深部引发了其他几枚鱼雷爆炸所引起的。

（来源：AP 美联社，http://www. aeronautics. ru/ img003/kursk−017. jpg）

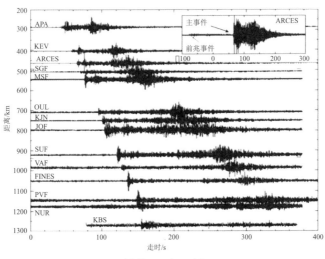

（来源：EOS（2001））

知识补给站

衡量地震的两把尺子：震级与烈度

一次地震发生后，人们往往最关心的问题是这次地震的大小如何？如果说是以地震释放能量的大小作为评判标准，那么地震震级无疑就是最佳"代言人"，它是衡量地震的第一把尺子。通俗地说，地震震级越大，地震所释放的能量越大。那是否震级越大，地震的破坏力越强呢？由于受到震源深度、震中距离、土壤和地质条件、建筑物的抗震性能等因素影响，一次地震对不同地方所造成的破坏情况也会有所差异。为了更加科学地确定地震的破坏程度，地震烈度作为衡量地震的第二把尺子应运而生。

第一把尺子：震级

震级：地震释放能量的大小，用阿拉伯数字表示。

2013 年 4 月 20 日
中国四川芦山
7.0 级地震

2008 年 5 月 12 日
中国四川汶川
8.0 级地震

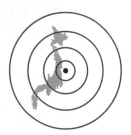

2011 年 3 月 11 日
日本以东海域
9.0 级地震

震级相差 1 级，释放的能量相差约 31.6 倍。

1个	32个	1000个
日本以东海域9.0级地震释放的能量	≈ 中国四川汶川8.0级地震释放的能量	≈ 中国四川芦山7.0级地震释放的能量

第二把尺子：烈度

烈度：地震引起的地面震动及其影响的强弱程度，是表示地震破坏力大小的一种方式。

我国采用XII度的地震烈度表，用罗马数字表示。

烈度　　　　　　　人的感觉

I ————————

无感

III ————————

室内少数人在静止中有感

VI ————————

人站立不稳

X ————————

骑自行车的人会摔倒

震级与烈度有啥联系

一次地震只有一个震级，但可有多个烈度。
一般来说，离震中越近的地方破坏就越大，烈度也越大。

震中

烈度能派啥用场

烈度是编制《中国地震动参数区划图》重要依据之一。

《中国地震动参数区划图》按照各地可能遭受的地震风险程度，提出了不同的抗震设防要求，是一项强制性的国家标准。

1957 年，我国开始编制发布第一代《中国地震烈度区域划分图》；而现行的是于 2016 年 6 月 1 日正式实施的第五代《中国地震动参数区划图》。

中国地震动参数区划图　发展情况

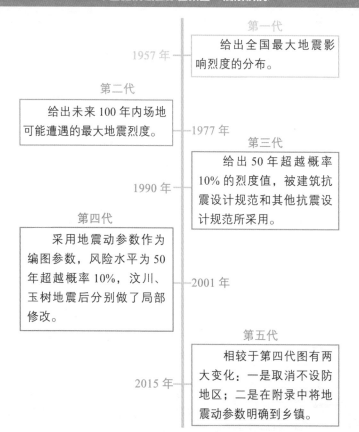

第一代

1957 年　给出全国最大地震影响烈度的分布。

第二代

给出未来 100 年内场地可能遭遇的最大地震烈度。

1977 年

第三代

给出 50 年超越概率 10% 的烈度值，被建筑抗震设计规范和其他抗震设计规范所采用。

1990 年

第四代

采用地震动参数作为编图参数，风险水平为 50 年超越概率 10%，汶川、玉树地震后分别做了局部修改。

2001 年

第五代

相较于第四代图有两大变化：一是取消不设防地区；二是在附录中将地震动参数明确到乡镇。

2015 年

第二章
可怕的地震灾害

地震究竟有多可怕，为什么人们会谈"震"色变？

除了造成建筑物破坏之外，地震还会带来哪些次生灾害？

当我们在地震发生后，遭遇火灾、海啸、山体滑坡、瘟疫、生命线工程破坏等危机时，又该如何迅速准确地应对、保护自己呢？

别急，接下来就让我们一一寻找答案。

地震会引发哪些灾害

就地震本身而言，它只是一种自然现象而非灾害，但当地震发生在有人类生活的区域，并达到超越人类抵御能力的强度时，就会造成灾害。

地震越强，人口越密，抗御能力越低，灾害就越重。城市是社会财富聚集和人口密集之处，存在小震大灾、大震巨灾的风险。

根据灾害发生的关联性进行分类，地震灾害主要分为直接灾害和次生灾害两大类。

直接灾害

地震的原生现象，如地震波引起地面震动、断层错动、地面变形等现象而造成的直接后果。

典型的直接灾害就是因强烈的地震动而造成的建（构）筑物毁损，交通、电力、通信、供水、燃气、输油等生命线工程的破坏。

山体破坏，如山体滑坡、滚石等也是地震时的多发灾害。

次生灾害

因地震原生现象造成的破坏后果而进一步引起的一系列其他灾害。

因房屋破坏而导致燃气泄漏、电器短路等，进而引发火灾。

因海底地震而引发的海啸；因水库大坝损坏而造成蓄水下泻，进而引发的水灾或堰塞湖溃坝引发的灾害。

因环境恶化、水源污染而造成瘟疫。

因仓库、储罐、核电站破坏而引起毒气或有害气体扩散、放射性物质泄漏。

因破坏严重、救灾不力、供应中断或谣言而引起社会骚乱。

造成人员伤亡最多的地震灾害：建（构）筑物破坏

建（构）筑物的破坏等级

在我国国家标准《建（构）筑物地震破坏等级划分》（GB/T 24335—2009）中，根据破坏程度的不同，把建（构）筑物地震破坏划分为**基本完好**、**轻微破坏**、**中等破坏**、**严重破坏**和**毁坏**五个等级。

基本完好　　　轻微破坏　　　中等破坏　　　严重破坏　　　毁坏

调查分析的结果表明，破坏等级中，"**基本完好**"对人员伤亡的危害性最小，依次递增，"**毁坏**"的危害程度最大。

影响建（构）筑物破坏程度的因素

强烈地震引起的地面震动、砂土液化、山体滑坡、火灾、海啸等都会造成建（构）筑物破坏。地震中建（构）筑物破坏程度主要取决于**震动强度和建（构）筑物自身抗震性能**。

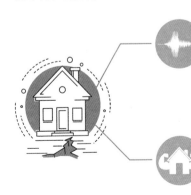

1. 震动强度

震动强度一般与震级、震源深度和震源与建（构）筑物之间的距离等有关。

2. 建（构）筑物抗震性能

影响建（构）筑物抗震性能的因素很多，最主要有结构类型、抗震设防状况和建（构）筑物年代。

那些引起建（构）筑物破坏的大地震

1906 年 4 月 18 日　美国旧金山地震（M_W7.9）

1976 年 7 月 28 日　中国河北唐山地震（M_W7.6）

↓地震造成旧金山全市 5.3 万座房屋中有 2.8 万座被摧毁，40 万居民中有 20 万～30 万人失去家园。

↓唐山市 97% 以上的建（构）筑物在地震中倒塌，55% 的生产设备毁坏，交通、供水、供电、通信全部中断，百年工业城市几乎被夷为平地。

1988 年 12 月 7 日　亚美尼亚地震（M_W6.8）

→在基洛瓦坎西南约 10 千米的阿利瓦尔石块承重墙建筑部分倒塌。石块承重墙建筑在亚美尼亚的城镇中十分普遍，这种类型的建筑不承受侧向水平力，不利于抗震。

地震在特纳根高地引发山体大滑坡，摧毁了许多房屋。右图为安克雷奇 6 层的"四季公寓"完全倒塌的情景。所幸楼房是新建成的，尚未住人。

1964 年 3 月 28 日　美国阿拉斯加地震（M_W9.2）

（本页图片引自《防震减灾知识普及系列·地震》）

危害最大的地震次生灾害：火灾

预防火灾是城市管理的一项重大课题，地震虽然不会直接导致火灾，但由地震引发的生活明火、输电线路和电器的破坏等问题，极大可能引发火灾。一旦火势难以及时控制，损害将触目惊心。可以说，火灾是最主要、危害最大的地震次生灾害之一。

引发地震火灾的原因

| 生活明火或生产明火 | 输电线路和电器的损坏 | 输油和输气管道的破坏 | 易燃自燃化学品的流出、化学制剂的化学反应 | 高温高压生产现场的爆炸燃烧；易燃易爆物质的爆炸燃烧 | 烟囱损坏 |

另外，地震造成交通、输水管道和消防等设施损坏，使原有消防功能丧失，也是导致火灾蔓延的重要因素。

地震引发火灾的典型震例

历史上发生大规模火灾的地震有 1906 年美国旧金山地震和 1923 年日本关东大地震等。

1906 年美国旧金山地震时，全市 50 多处同时起火，由于消防站多数被毁、房屋倒塌、交通阻塞和水源中断等原因，致使火势蔓延，大火烧了 3 天 3 夜。

1906 年 4 月 8 日徐家汇观象台记录到的美国旧金山大地震波形图

1906 年美国旧金山地震蔓延的火灾

　　1923 年日本关东大地震发生时正值中午厨房用火较多的时间段，且当时日本大部分房屋以木结构为主。地震造成东京多处着火，加上大风，火势迅速蔓延。这次地震共造成了约 14.2 万人死亡，其中有大量人员死于火灾。

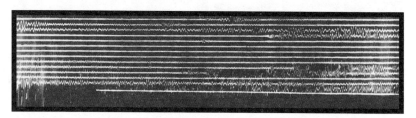

1923 年 9 月 1 日徐家汇观象台记录到的日本关东大地震波形图

1923 年日本关东大地震引发了巨大的火灾

如何应对地震火灾

妙计 第1条 地震火灾应以预防为主。平时在家中应备置灭火器材，一旦发生着火，能有效在起火的初期阶段灭火。

妙计 第2条 地震时，应尽可能立即熄灭明火、关闭燃气阀门和电源，防止发生火灾。

妙计 第3条 如果火灾发生并有蔓延的趋势，对于震动强烈的地震，应优先考虑就近避震，待震动结束后进行撤离。

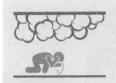

妙计 第4条 在撤离过程中，需要采用正确的火灾逃生方法和注意建（构）筑物破坏引起的物件掉落等风险，避免伤害。应选择上风口方向进行逃生。

影响城市运行的地震灾害：生命线工程破坏

交通、电力、通信、供水、排水、燃气、输油等维持城市生存功能的系统和对国计民生有重大影响的工程，就是我们所说生命线工程。城市中影响最大的就是生命线工程的破坏。

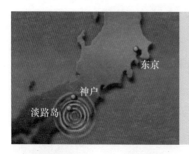

1995 年 1 月 17 日 5 点 46 分，日本阪神发生 7.3 级地震，震中距离神户市中心仅 20 千米。

1995 年的阪神地震发生在经济发达、人口密集的中心城市，造成煤气管道破裂，引发地震火灾，高架桥部分断裂、崩落、柱子折断、路面侧掀，新干线铁轨变形，部分列车滑出轨道或坠桥，地铁破坏严重，城市的水、电、气、通信全部中断，生命线工程瘫痪。

山崩地裂的地震灾害：山体破坏

在山区，地震导致的山体破坏，如山体滑坡、滚石、泥石流等是多发灾害类型，也是造成人员伤亡的重要原因。

山体滑坡是由于强烈的震动，降低了山体中滑动面的摩擦力，打破了原来的土体受力平衡而造成山体崩塌或大块滑坡体的滑动下泻。

新北川中学滑坡

王家岩滑坡

汶川地震北川县城滑坡体

山体滑坡具有很大的破坏性，一些巨大的滑坡体会瞬间掩埋楼房，甚至村庄，这也是山区地震灾害特别严重的原因之一。

泥石流是因地震造成山体滑坡，滑塌物冲入河流与河水混合，或者震后遭遇暴雨，使得已经松动的沙石和松软土质山体经雨水饱和稀释后形成的洪流。

在山区发生地震后若再遭遇大雨，发生泥石流的可能性就很大。

汶川地震中遭泥石流袭击的村庄

滚石灾害是地震震动诱发山体中大量砾石或岩块失稳而顺坡自由滚动，侵入山下村镇、道路等区域而造成的灾害。

汶川地震中的滚石灾害

如何应对山体破坏引发的灾害

◆ 滑坡的避险

当滑坡体下滑时，要朝着与滑坡前进方向相垂直的两侧撤离。

在滑坡堆积区应向两侧高处跑，不能向滑坡正对面的方向跑。

滑坡体上的人应尽快跑到安全地段。

◆ 崩塌和滚石的避险

朝着与崩塌和滚石前进方向相垂直的两侧撤离。

来不及撤离时，可以在地沟或陡坎下暂避，并保护好头颈部。

◆ 泥石流的避险

在泥石流的流经区和堆积区，听到泥石流的声音和泥石流警报时，立即向主河道两岸的高地等安全地带撤离。

在泥石流通过区域的两岸和泥石流注入主河道的对岸处，要撤到有足够高度和距离的安全区域。

值得关注的地震次生灾害：瘟疫、毒气及放射性物质泄漏

震后为何出现瘟疫

强烈地震发生后，灾区的水、电、食物供应中断，公共卫生条件受影响，造成水源及食物的污染，加之生活环境严重恶化，灾区群众免疫力降低，因而极易出现瘟疫和流行疾病。

1556年1月23日 陕西华县大地震

我国历史上经常会出现"大震之后有大疫"的现象，典型事例是1556年陕西华县大地震发生后，83万人因地震死亡，其中大部分是由于震后瘟疫、水灾等次生灾害造成的。

那么震后如何防疫呢？我们将在第五章详细讨论。

朝邑三原等处及山西蒲州等处尤甚或地裂泉

中有鱼物或涌出城郭房屋陷入地中或平地突成

华武一日连震数次或累日震不止河渭泛溢

丘陵南山鸣河壅数日溺死官吏军民奏报有

八十三萬有奇致仕南兵曹韩郑南光禄卿

南祭酒王维桢同日死焉米仲良家八十五丁

朝元家一百十九丁俱殁如此者甚累其不知

（明史《明世宗实录》中记录的陕西华县大地震）

地震如何引发毒气及放射性物质泄漏

震区如有化工厂、核电站等危险源，一旦发生破坏，就可能发生毒气和高污染物质泄漏。2011年3月11日日本以东海域9.0级地震引发海啸，继而导致福岛核电站破坏，发生核物质泄漏。

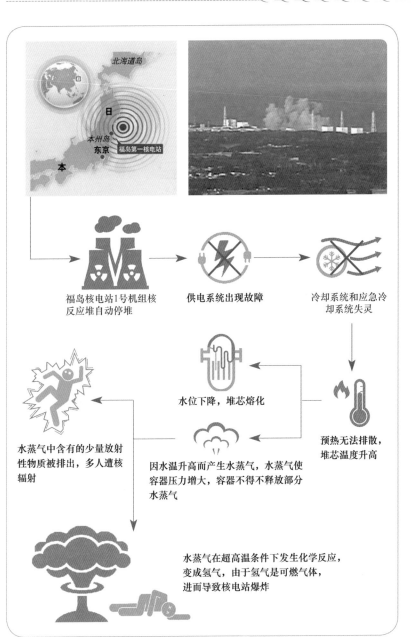

福岛核电站1号机组核
反应堆自动停堆

供电系统出现故障

冷却系统和应急冷
却系统失灵

水位下降，堆芯熔化

预热无法排散，
堆芯温度升高

水蒸气中含有的少量放射
性物质被排出，多人遭核
辐射

因水温升高而产生水蒸气，水蒸气使
容器压力增大，容器不得不释放部分
水蒸气

水蒸气在超高温条件下发生化学反应，
变成氢气，由于氢气是可燃气体，
进而导致核电站爆炸

遇到毒气及放射性物质泄漏怎么办

要用湿毛巾捂住口、鼻

尽可能绕到上风区域、往逆风方向的空旷场地撤离

要听从相关部门的指挥，往安全区域有序撤离

超强破坏力的地震次生灾害：海啸

  2004 年的印度尼西亚苏门答腊岛附近海域发生 9.3 级强烈地震，这次地震引发了巨大海啸，海啸激起的海潮最高超过 30 米，最终导致约 29 万人死亡或失踪。该地震使海啸这个破坏力超强的地震次生灾害受到了人们前所未有的关注。

  海啸是由于海底发生突然的大规模竖向位移而引发的一种水灾形式。海底的地震、火山喷发等原因导致海底发生突然的上下错动，扰动了海底至海面的海水，海水以波的形式向四面八方传播，形成海啸。

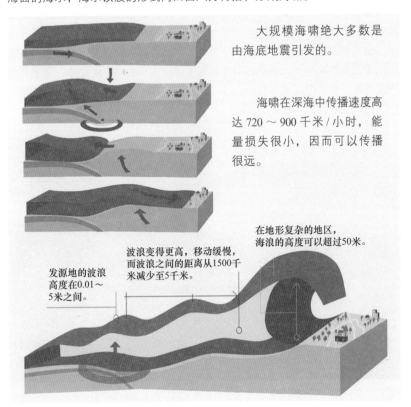

大规模海啸绝大多数是由海底地震引发的。

海啸在深海中传播速度高达 720 ～ 900 千米／小时，能量损失很小，因而可以传播很远。

在地形复杂的地区，海浪的高度可以超过50米。

波浪变得更高，移动缓慢，而波浪之间的距离从1500千米减少至5千米。

发源地的波浪高度在0.01～5米之间。

当海啸到达浅海区，特别是到达瞬间变窄的海湾等近岸浅水区时，波速变小、振幅陡涨，浪高迅速攀升至数十米，海水犹如一堵高墙瞬时侵入沿海陆地，有的可向岸上推进几千米，形成巨大的破坏力。

发生灾难性地震海啸的条件

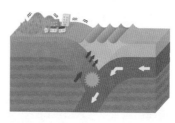

一般产生灾难性海啸的地震震级在6.5 级以上，且断层破裂方式为接近于垂直方向的上下错动。

深海地震，海水深度一般大于1 千米。

只有在深海，才能激起足够强的水体振荡，水越深则产生的海啸能量越大。

震源浅、初始破裂点接近海底或者断层面露出海底的地震易激发海啸。

由宽变窄的海岸线，海啸破坏力与海岸的形状和近海海底地形有关。海啸在深海处不易察觉，当逼近海岸处因水深变浅和海湾宽度变窄，海啸能量迅速集聚，浪高迅速增加数倍，形成巨大破坏力。

2004 年印度尼西亚地震海啸后的海滨地区

2004 年印度尼西亚地震海啸后的场景

遭遇海啸时的避险方式

● 地震海啸破坏力巨大，针对海啸灾害的避险基本可以遵循"**船往深海驶，人往高处跑**"的原则。

地震是海啸最明显的前兆。如果感觉到地面震动，**就应立刻离开海边、江河的入海口等处，向内陆高处撤离**。

如果听到附近海域发生地震的广播，要做好防范海啸的准备，注意电视和广播等报道。

● 海啸有时会在地震发生几小时后袭击远离震中上千千米以外的海岸。

● 海上船只听到海啸预警后应避免返回港湾，海啸在海港中造成的落差和湍流非常危险。

如果有足够的时间，应在海啸到来前把船开到开阔的深海区。

如果没有时间把船开出海港，所有人都要撤离船只，登岸避险。

海啸登陆前，海水有时会明显升高或降低，如果看到海面有巨浪来袭或迅速显著下降，应立刻撤离到内陆地势较高的地方。

不容忽视的地震次生灾害：水灾

除海啸以外，地震还可能引发两类水灾。

一是水库大坝因遭地震损坏，造成蓄水下泻进而引发水灾。未经抗震设防的土坝、施工质量较差的水坝极易引发地震水灾。

二是堰塞湖溃坝引发的灾害。地震时山体滑坡，壅塞河谷造成河流受阻，水位上涨，形成堰塞湖。当河水浸泡堰塞湖坝或者水流漫过坝体后，引发溃坝，造成水体短时间内快速下泻，进而形成水灾。

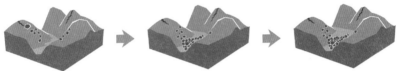

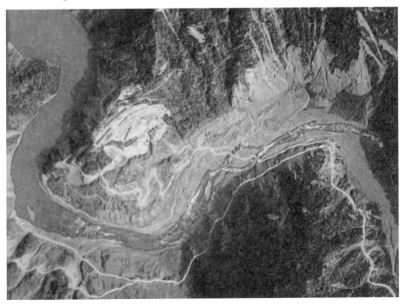

汶川地震后形成的唐家山堰塞湖

知识补给站

震不倒的房子

造成灾害的元凶并不是地震本身，而是地震中倒塌的房屋、坠落的重物、塌陷的道路、毁坏的桥梁等。

什么是"震不倒"的房子

2010 年，我国颁布实施国家标准《建筑抗震设计规范》（GB 50011—2010），2016 年对其进行修订。该标准规定了建筑物在建设时应按一定标准进行抗震设计，采取必要的抗震构造措施，并按照抗震设计进行施工建造。

历次地震灾害经验表明，进行过规范设计和施工的建筑物完全可以做到小震不坏、中震可修、大震不倒，抵御低于、等于甚至高于本地区抗震设防烈度的地震，这就是"震不倒"的房子。

小震不坏

当遭受低于本地区抗震设防烈度的多遇地震影响时，主体结构不受损坏或不需修理可继续使用。

中震可修

当遭受相当于本地区抗震设防烈度的设防地震影响时，可能发生损坏，但经一般性修理仍可继续使用。

大震不倒

当遭受高于本地区抗震设防烈度的罕遇地震影响时，不致于倒塌或发生危及生命的严重破坏。

目前用于提高房屋抗震性能的技术主要有三种，分别是传统抗震技术、隔震技术、减震技术。

使出"硬气功"的传统抗震技术

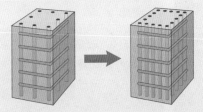

传统的抗震方法是通过加粗建筑物的柱子、增加钢筋的方法来提高结构强度。

普通住宅的抗震设计中，多采用"圈梁—构造柱"的结构形式。

圈梁非"梁"，构造柱也非"柱"。在地震中，它们起绑捆作用，圈梁和构造柱可保证房屋不散架，不塌落。本质上，"圈梁—构造柱"就是拉杆，主要是保证结构有延性和良好的变形能力，在大震中裂而不倒。

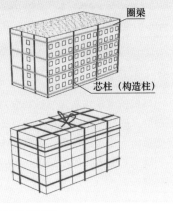

圈梁—构造柱体系的绑捆作用示意

科学家从多次破坏性地震的震害调查中发现，按照规范要求设置有圈梁—构造柱的房屋，倒塌破坏的很少。圈梁—构造柱是提高砌体结构的抗倒塌能力可靠和行之有效的措施。

采用圈梁—构造柱结构的建筑物虽在大震中损坏严重，但不会倒塌。

在大震中，断层虽从建筑物中间穿过，但因采用圈梁—构造柱结构，建筑物未倒塌。

采用圈梁—构造柱结构的建筑物在大震中仅靠窗的墙遭到破坏。

"以柔克刚"式的隔震技术

隔震技术是指在建筑结构底部或者某层之间设置由柔性隔震装置组成的隔震层，形成水平刚度很小的"柔性结构"体系，以达到隔离地震、防止地震能量向上传播的效果。地震的作用力大部分会被隔震装置消耗，进而有效保护建筑和室内物品不受损。我们可以通过以下实验来进一步理解隔震技术的原理。

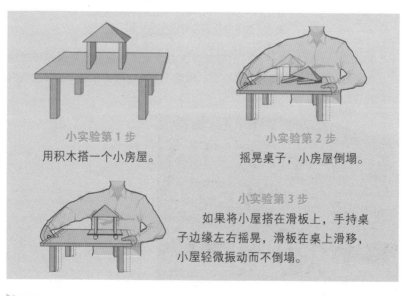

小实验第 1 步
用积木搭一个小房屋。

小实验第 2 步
摇晃桌子，小房屋倒塌。

小实验第 3 步
如果将小屋搭在滑板上，手持桌子边缘左右摇晃，滑板在桌上滑移，小屋轻微振动而不倒塌。

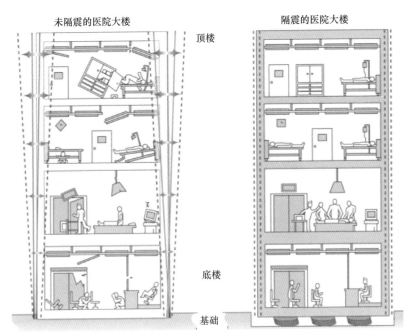

未隔震的医院大楼和隔震的医院大楼在大震中发生的情况对比

2004 年因为市政道路改造,上海音乐厅在原位置整体平移了 66.46 米,震惊了全世界。

在进行平移工程时,政府一并对建筑物进行了加固,使用弹簧隔震技术架空观众席底板来提高建筑物抗震性能。当地震来临的时候,这些弹簧能够阻隔部分地震能量。

55

"北 神功"式的减震技术

减震技术是在建筑物内设置可以吸收能量的"阻尼器"，吸收和耗散建筑摇晃的部分能量，减小作用在建筑物上的地震力和变形，减轻其摇晃程度。研究表明，合理设置阻尼器可以使结构加速度反应减小 30% 左右。

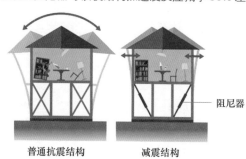

普通抗震结构   减震结构

阻尼器种类较多，如常用的金属屈服阻尼器、黏滞阻尼器，还有摩擦阻尼器、黏弹性阻尼器和调谐质量阻尼器等。

调谐质量阻尼器（Tuned Mass Damper，TMD）通常安装在建筑物顶部，是一个由弹簧、阻尼器和质量块组成的减震系统，它常用于超高层建筑抗风和抗震。

典型的例子是台北 101 大楼的调谐质量阻尼器。在大楼的 92 层到 87 层之间，以 12 米的缆索，悬挂了一颗重达 660 吨的质量块。缆索的上方固定在 92 层，下方的质量块则垂挂在 87 层处，并以 8 支阻尼器与楼板连接。

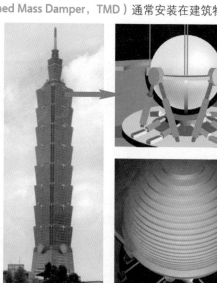

台北 101 大楼安装的调谐质量阻尼器

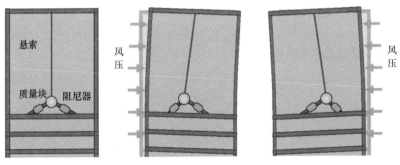

悬索

质量块 阻尼器

风压

风压

台北 101 大楼抗风示意图

当 101 大楼承受风压而摆动时，质量块因"质量惯性作用"与大楼有了相对运动，使得阻尼器拉伸或压缩。阻尼器拉伸或压缩过程中，吸收了大楼的震动能量，进而减轻了大楼晃动的程度。

世界第三高楼——上海中心大厦也运用了"调谐质量阻尼器"减震系统。

调谐质量阻尼器位于上海中心大厦第 125 ~ 126 层，由我国自主研发，重达 1000 吨，当地震来临的时候，阻尼器质量块会在惯性作用下产生一个反作用力，形成反向摆动，为摩天大楼减震减摆。

上海中心大厦安装的调谐质量阻尼器

　　隔震、减震等技术是 20 世纪末以来在工程抗震领域的重大创新成果，是大幅提高城乡建筑地震安全性、减轻地震灾害的重要技术手段。

第三章

那些救命的震前准备

俗话说得好，晴天带雨伞，未雨绸缪。这一章我们要说的是未"震"绸缪。难道是要我们每天戴着头盔、穿上铠甲、全副武装地等地震吗？大可不必，我们只要记住关键要点，在平时做好防震准备就可以啦。这些震前准备可是救命法宝喔！

另外，平时除了做好防震准备，迅速准确地辨别地震谣言也很重要。让我们携起手来，一起做智慧满满的谣言粉碎机。

防震应急计划

由于地震预测还处于漫长探索中，因此在日常生活中做好完备的应对准备，对预防和减轻地震灾害具有十分重要的意义。

营造安全的生活环境

固 检查，加固房屋

发现房屋有以下现象时，应及时报告相关管理部门进行加固：

（1）梁、柱和承重墙等构件有贯穿性或较宽较深的裂缝；

（2）混凝土大面积剥落和钢筋裸露；

（3）门窗松动。

装修房屋时：

（1）不可更改结构，绝对不可拆除梁、柱和承重墙；

（2）优先采用轻钢龙骨隔墙。

放 合理放置与固定高大家具

家具内物品摆放原则：
重在下、轻在上

高大家具
不放门口

高大家具之上
不放重物

牢牢固定高大家具和
悬挂物

通 保持楼道畅通、防止阳台坠物

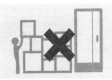

不在楼道和门口堆放杂物，保持楼梯走廊畅通，以便在地震后能迅速撤离。

不在阳台等高处放置花盆等物品，以免在地震时坠落，引发路人被砸的人身伤害事故。

 **准备常用的应急物品**

　　常备应急包是震前准备的重要一环，需注意应将地震应急物品放置在应急包中，并摆放至显眼及震时易取的位置。一旦发生地震，应急包将会派上大用场。

　　地震应急物品通常分为八类，我们可以根据自身条件及实际需要来准备，并定期检查更换过期物品。

饮用水和食品：
一般准备三天的消费量为宜。经常检查备用品的食用期限并及时更换，保持水和食品的新鲜。

自救互救用品：
棉签、创可贴、常用药、自身特殊需要的基本药品、体温计等常用医疗器具。药品要经常检查定期更换，确保安全、有效。

避险疏散及求救用品：
绳索、哨子、警报器等。

灾害预防用品：
灭火器、安全头盔、手套和口罩等。

替换衣物和洗漱卫生用品：
替换衣物主要是内衣。洗漱卫生用品
主要包括牙刷、牙膏、毛巾、肥皂、
卫生纸、纸巾、湿纸巾等。

必要的工具：
收音机、野外照明灯具、打火机、
多功能组合工具等。

重要证件和一定数量的现金。

防雨和保暖用品：
破坏性地震发生后，很可能因房
屋损坏而住进帐篷、避难所等临时
居所，因此可备一些雨衣、雨伞、
雨鞋等防雨用品，以及棉衣、毛
裤、睡袋或毛毯等保暖用品。

特别提醒

家中有婴儿时：
需准备奶粉、奶瓶、尿布、婴儿食品、
衣服、婴儿药品、消毒棉等用品。

 熟悉周边的应急避难场所

应急避难场所是指为了应对地震、洪涝、火灾等自然灾害和事故灾难，按照规划和相关标准建设的用于居民应急避险、疏散和临时安置，具有应急避难基本生活服务功能的安全场所。

能识别应急避难场所标志、熟悉逃生线路和应急避难场所位置，这会帮助我们在地震中第一时间抵达安全场所。

 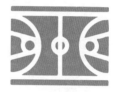

一般附近的**中小学**或**公园**会作为临时避难场地，**大型公园、体育场、广场**等会作为避难场所。

应急避险演练

在进行应急避险演练之前，我们首先要学习掌握防震减灾知识、震时避险与自救互救技能，做到在地震真正来临时胸有成竹、临危不惧。

学**防震减灾**知识

学**震时避险**姿势

学**自救互救**技能

在日常生活中，除了学习防震减灾知识、掌握震时避险与自救互救技能外，经常性地开展应急避险演练能帮助我们临危不惧、胸有成竹地应对地震。

若是以家庭为例，应急避险的准备应做到以下四步：

第一步，查"外"

实地踏勘自己住宅的楼梯走廊和周围环境：
熟记住宅附近应急避难场所以及适合临时避险的广场、公园、体育场等空旷场地的位置。

第二步，看"内"

勘察住宅：
分别标记住宅内比较危险及相对安全的地带，以便地震来临时迅速避开及躲避。

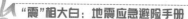
第三步，记"路"

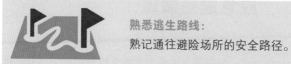

熟悉逃生路线：
熟记通往避险场所的安全路径。

第四步，复"练"

明确地震时家庭成员的分工，反复演练：
包括保护婴幼儿、保护老人、熄灭明火、关闭煤气、断开电闸、打开房门、应急包的拿取携带等这些防灾行动。

知识补给站

精准辨别地震谣言

地震灾害十分可怕，而地震谣言的威力也不容小觑。在平时，地震谣言的传播会造成社会的恐慌，干扰正常的生产生活。震后，地震谣言则会严重妨碍抗震救灾，造成震区人心惶惶的不良影响，具有极大的危害性。因此，辨别地震谣言应当成为我们的必备技能！

如何辨别谣言

常见的地震谣言有以下几个特点：

精准预报。"预报"的地震震级很确切，发震时间、地点很具体，地震三要素"时间、地点、震级"十分齐全，这看似科学，实则超出当前全球地震预报的实际水平，与现状不符。

跨国地震预报，例如借某国某科学家之口发布我国地震预报消息，也可直接判定为地震谣言。因为这不符合我国关于发布地震预报的规定，也不符合国际间的相关约定。

带有封建迷信色彩或离奇古怪传说，如河里的鱼挺肚、地上的蛤蟆开会、洞中传来神奇的龙吟声等，以离奇的伪科学牵强附会至地震预报。

随着自媒体的迅速发展，**不少地震谣言披着一个又一个新型马甲出现。** 例如捏造地震受灾情况，用过去某个地震现场的图片冒充刚发生地震的现场。或是张冠李戴，对地震信息随意拼接，假借官方媒体之名散布等。

2019年12月26日，湖北应城发生4.9级地震，震源深度10千米。"余震预测"等谣言被广泛传播并造成严重不良影响，12月27日造谣者被当地公安机关抓捕归案。

中国地震台网速报 ① NO.56040

12-26 22:08 来自 NEX 3 5G

+关注

#湖北孝感地震#这后半部分的内容，是谁添加的，当地网警估计会找到的 😊😊

中国地震台网速报：湖北应城4.9级地震，震中当地震感强烈，武汉、荆州、襄阳、宜昌、信阳、荆门、咸宁等地震感明显，预计26日凌晨至27日上午4点，余震5.8至6.1级、请广大群众保持警惕。
@中国地震台网速报

值得注意的是， 还有些人会利用地震来编段子、制作表情包、蹭热点，这种行为虽然不属于传统意义上的地震谣言，但是会严重干扰应急救灾，损害政府形象，伤害灾区人民的感情，因此我们要对这些行为坚决说不！

---

① 资料来源：https://weibo.com/1904228041/ImBszjkfU?refer_flag=1001030103_。

如何获取正确地震信息

另外,《中华人民共和国防震减灾法》第二十九条规定:

国家对地震预报意见实行统一发布制度。

全国范围内的地震长期和中期预报意见,由国务院发布。省、自治区、直辖市行政区域内的地震预报意见,由省、自治区、直辖市人民政府按照国务院规定的程序发布。

因此,作为个人来说,可以就长期、中期地震活动趋势的研究成果进行相关学术交流,但不能向社会散布地震预报意见及其评审结果。

除地震预报意见,其他真实准确的地震信息可以通过以下几种渠道获取:

当地地震局
官方微博

当地地震局
官方微信

当地地震局
官方网站

"地震速报"
APP

听到谣言怎么办

坚持"防谣三件套"：不听、不信、不传谣。

遇到谣言莫惊慌，转发之前想三秒，地震信息无内幕，官方渠道鉴真假。

阻止老伙伴、小伙伴们继续信谣、传谣。

提醒大家正确的信息来源，科普地震知识。

向地震部门反映相关信息。

第四章
震时应对策略

地震发生时，由于每个人的自身条件都有差异，所处的环境、建筑物结构及新旧程度都不尽相同，因此我们要因时、因地、因人制宜，选择正确的应急避险方法。这一章，我们将带你了解震时的应对原则以及在不同场景中的应对方法。

震时避险锦囊妙计

地震来了怎么办？该躲还是该逃？躲在哪里？该怎么躲？震后又要往哪里逃？……面对地震，你肯定会有很多很多的疑问，在此我们将献上六个锦囊妙计，帮助你在地震时从容应对，科学避震。

锦囊妙计之一

◆ **因时因地因人制宜**

避震方式不可千篇一律，要具体问题具体分析，**要充分考虑以下因素：**

所处的房屋是楼房还是平房	房屋的结构和坚固程度如何	室内有无避险空间
身处的位置离房门远近	室外是否开阔安全	自身身体状况如何

锦囊妙计之二

◆ **行动果断，切忌犹豫**

就近躲避	迅速外逃	不能瞻前顾后，犹豫不决	切勿往返

锦囊妙计之三

◆ 静待地震平息后再撤离

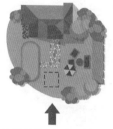

发生地震时，除非处在老旧建筑物的底层，一般情况下，建筑物还在晃动时不要慌忙往外跑，应该抓紧时间寻找合适的避震场所避震。

静待地震平息之后，迅速撤离到室外空旷地带。

锦囊妙计之四

◆ **听从指挥，镇静避险**

在公共场所要听从指挥，镇静避险，避免拥挤、踩踏。

锦囊妙计之五

◆ **正确的自我保护式的避震姿势**

趴伏、蹲下，尽量蜷曲身体，降低身体重心，寻找遮挡物，并在震动时牢牢抓紧牢固的固定物体。

保护头部、眼睛，掩住口鼻，利用身边的枕头、坐垫等物盖住头部。

锦囊妙计之六

◆选择安全地带避震

1. 所处房屋抗震性能较好

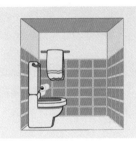 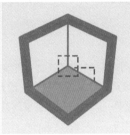 

感觉地震发生时，就近躲避在小开间房屋（如卫生间）内，承重墙的内墙根、墙角，坚固的桌子、床等家具下。采取这种方式躲避的目的是避免悬挂物或者高处物品掉落砸压。

2. 所处房屋抗震性较差而来不及撤离

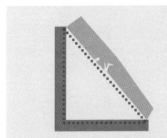 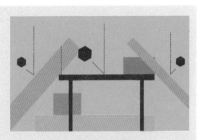

承重墙脚、构造柱与承重墙形成安全区域　　　　桌子、床等坚固的家具旁边

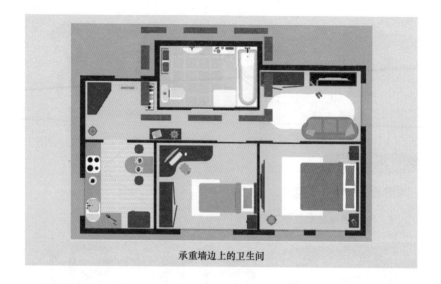

承重墙边上的卫生间

　　地震发生时，抗震性能较差的建筑物可能会发生倒塌，天花板和墙体塌落可能砸坏室内物品和家具，容易造成伤亡；但天花板和这些物品或家具之间往往会形成一些空间或空隙，如果躲在这些空间或空隙里将有可能减少伤亡。

那些震时不可为之事

地震后，震级有多大，我会不会有危险，房子会不会倒塌？……这些问题我们也许在当时通通搞不清楚，但一定要知道，震时快速且正确地做出应急反应是最重要的事。当地震来临时，下面这些事情可千万**不能做**！

乘电梯逃生

◆**地震时，乘电梯逃生容易因电梯失控造成伤亡**

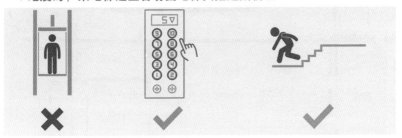

地震发生后，电梯一般会自动停止，也可能因停电或井道变形等原因而突然停止运行。因此，地震时应选择安全楼梯逃生。如果地震时你正好在电梯里，应迅速按下所有楼层按钮，电梯一停马上离开，以免被困在电梯里或者因电梯失控而造成伤亡。

盲目往外跑

◆**地震时，盲目外逃可能会更危险**

外逃过程中，易被塌落的女儿墙、屋瓦、砖块等砸伤　　跳楼伤亡　　在人员密集场所乱跑乱挤，引起踩踏伤亡

靠近危险地带

◆ 地震时，室内哪些地方不宜停留避险？

　　身处室内遇到地震时，**不要在室内抗震设防薄弱部位避险**，这些部位有电梯、楼梯间、窗边、阳台、外墙边等。

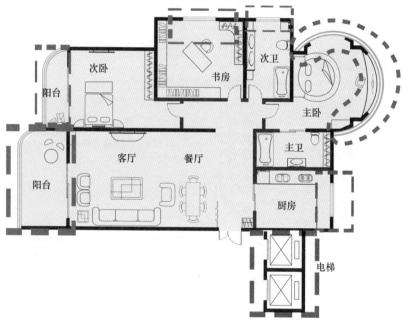

地震时室内不宜停留的地方（示意图）

—— 外墙、窗边不坚固

楼梯间不牢固

小塔楼容易倒塌

雨篷（门脸）容易倒塌

外墙装饰物、玻璃幕墙容易震落

外走廊挡板、女儿墙等容易坠落

高架桥可能断开坍塌

（以上震害现场图例选自《减灾有道——地震安全知识问答》一书）

◆ 地震时，室外哪些物品和地带不宜靠近

电线杆

变压器

路灯

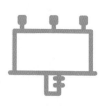

广告牌

吊车

高大的烟囱

水塔

砖瓦、木料堆放处

高楼附近、高楼玻璃幕墙
飞散落下的玻璃碎片

狭窄的街道

危旧的房屋和
围墙边上

高架桥、立交桥和过街桥

加油站、煤气站

◆地震时，在野外应远离哪些危险地带

在山区遇到地震，要迅速离开山脚和陡崖，以防山崩、滚石、滑坡和泥石流袭击。

如在海边遇到地震，要尽快向远离海岸的高处转移，避免海啸来袭。

如在河湖边，要尽快离开河边、湖岸，以防河岸、湖岸坍塌，谨防地震引起的湖水大浪或上游堤坝决口发生洪水。

离开水坝、堤坝，以防垮坝。

地震时，如果你在家里

有研究表明，人一生中近 1/2 的时间在家里度过。地震时，如果你在家里，该如何应对呢？

远离和避免危险

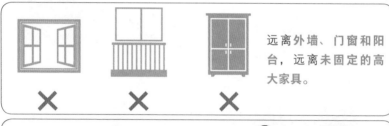

远离外墙、门窗和阳台，远离未固定的高大家具。

立即熄灭明火、关闭电源和气源。

留出逃生通道

打开房门，以免因地震造成房门变形、打不开而影响撤离。

按计划科学避震

◆ A 计划——迅速撤离

对于正处在楼房的一层、二层和平房内的人，如室外有开阔空间无坠落物掉落的危险，可迅速跑到房外。

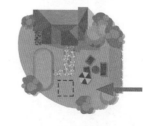

来不及撤离时，就要选择 B 计划避震啦！

◆ **B 计划——就近躲避**

对于处于楼房其他楼层的人，来不及撤离时，可选择厨房、卫生间等开间小的地方躲避，也可以躲在承重墙内墙根、墙角、坚固稳定的家具旁。

特 别 提 醒

身处高楼层（大约 10 层以上）的注意事项：

地震时，高楼层的摇晃可能会持续好几分钟。

剧烈的摇晃可能会导致家具倒下、掉落，增加危险。

远距离地震波及时，高楼摇晃的特征：

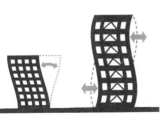

越向上摇晃越剧烈

建筑都有固有的自振周期。如果其固有周期和地震波周期接近则发生共振，使得建筑大幅度摇晃。一般高楼的固有周期比低矮建筑的固有周期更长。因此，高楼容易与长周期地震动的地震波发生共振，一旦引起共振就会长时间大幅度摇晃。而且，相比高楼中的低楼层，高楼层更容易发生大的摇晃。

地震时，如果你在学校

校园是人员密集场所，一旦发生破坏性地震，很可能会造成非常严重的人员伤亡。2008 年汶川地震，大量校舍倒塌，导致大量师生被埋压。因此地震时，如果你在学校，可一定要记住下面的关键要点！

校舍安全工程

2009 年起，上海市实施了校舍安全工程，并建立了中小学校舍安全保障长效机制，重点对全市存在安全隐患的中小学校舍进行抗震加固和迁移避险，提升了全市学校的综合防灾能力。因此，上海市绝大部分的中小学校都符合上海市建筑工程抗震设防标准。若在学校里遇到地震，我们提倡"震时就近躲避、震后迅速撤离"的避震方法。

不同的地点用不同的避震要点

◆教室、实验室、图书馆、宿舍

躲避在书桌下或实验台旁边。

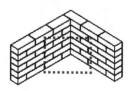

躲在承重墙的内墙根、墙角。

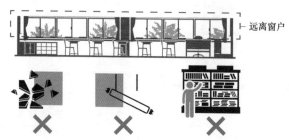

└ 远离窗户

避开四处飞溅的窗玻璃碎片、坠落的照明器具、高大的书架等。

特别提醒

身处实验室时，应迅速熄灭明火、关闭电源、气源，处理好易燃、易爆、易起化学反应的物品，避免产生次生灾害。

◆ **礼堂、食堂、体育场馆、健身房**

当出口处较为拥挤或者身处多层建筑的楼上时，则应就近躲避在立柱旁、承重墙的内墙根、墙角或者坚固的排椅、运动器具旁边。

◆ **操场或室外**

当周围没有高大建筑物时，可原地蹲下或坐下，双手护住头部。

避开高大建筑物　避开宣传橱窗　避开高大篮球架　　不可跑进教学大楼，不可返回教室

震后有序撤离

震动过去后，**可用书包保护头部**，听从指挥，有序撤离到安全地带。

学校的震前准备

◆ 制定地震避险预案

明确地震避险责任制、震时避险方案、震后疏散方案和保障措施等。

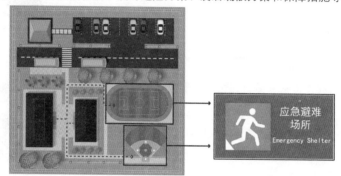

◆ 开展避险教育及演练

可采用课堂教学、课外体验活动等方式开展地震避险知识及自救互救技能教育。

根据《中小学校地震避险指南》，地震避险演练每月应至少开展1次，并纳入开学时的安全教育活动。

特 别 提 醒

在日常做好地震避险设施与器具的准备

设置地震疏散通道，并按规定在疏散通道和疏散场地中设置疏散标志和应急照明。

保持疏散通道畅通，不在疏散通道上安装影响疏散的障碍物，及时消除建筑物及设施、设备存在的安全隐患。

操场、绿地等作为地震紧急疏散场地时应远离以下危险地带：

易燃、易爆、有毒物质储放地

高大建筑物、围墙

高压输变电线路等设施

滚石、滑坡、泥石流等地质灾害源

配备应急通信、广播、照明、监控、医疗救助等器具。

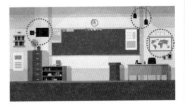

学校建筑物应尽量减少装饰物，装饰物建设要牢固；室内应尽量减少悬挂物，悬挂物安装要牢靠；定期检查装饰物、悬挂物的安全性。

地震时，如果你在路上

地震发生时，如果你正在通勤的路上，或是驾车外出，要记住："道路千万条，安全记心间"。保持清醒冷静的头脑，选择正确的逃生方法，比惊慌失措地乱跑乱叫可重要多了。让我们来一起看看吧。

行驶的地铁中

在行驶的地铁中遇到地震，首先要做的是切勿慌张。要保持冷静，不要拥挤，避免摔倒、冲撞和踩踏。

地铁停稳前，应当牢牢抓住拉手、柱子及座位等，下蹲身体、放低重心以保持稳定，或者就近抓紧扶手、双脚叉开站稳，同时保护好头部，以防摔倒或者碰伤。

行驶中的车辆

地震发生时，驾驶员应立即打开双跳灯，避开十字路口靠边停车，待震动结束后下车寻找安全地带躲避。

为更好地配合救灾行动，请不要锁上车门，并请将车钥匙留在车内。

自觉停靠公路右侧，为紧急救援让出通道。

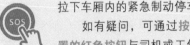

特别提醒

除严重危及人身安全，不得不进行自救外，乘客不得擅自拉下车厢内的紧急制动停车装置。

　　如有疑问，可通过按压车厢内的紧急对讲装置的红色按钮与司机或工作人员进行通话。

待地铁停稳后，按照地铁工作人员的指示有序疏散。撤离时，不要乘坐电梯，应从安全通道疏散至安全地点。

选择停车地点还应该避开哪些地带？

桥梁　　高架　　隧道　　电线杆、路灯

广告牌　　加油站　　陡坡　　高楼

高架或大桥上的车辆应待震动平息后寻找就近的匝道口下桥;隧道内的车辆应尽快驶离隧道,如已无法通行则应尽快下车寻找隧道内的逃生门离开。

乘客应当抓牢扶手或者座椅靠背,以免摔倒或碰伤。

震时正在停车场,千万不要留在车内,宜躲在车旁并采取抱头下蹲的方式。

地震时，如果你在人员密集场所

在地震时，最危险的地方就是人员密集场所。在人员密集场所逃生时，大的人流量易造成逃生通道拥挤，或人们因恐慌而采取不当的疏散撤离行为，进而造成踩踏事件等。

地震时，如果你在人员密集场所

◆第一步：留意逃生路线

平时尽可能熟悉周围环境，留意逃生路线和安全出口的位置，可避免震时慌乱，并安全撤离。

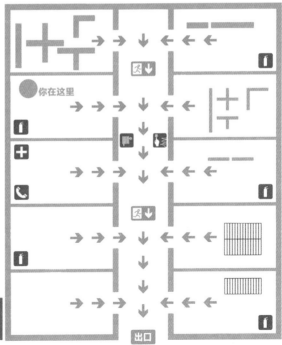

◆ **第二步：遇险时这样做**

蹲伏在**两排座椅中间**，也可选择结实的**低矮家具、柱子边、内墙角**等处躲避，用物品或手保护头部。

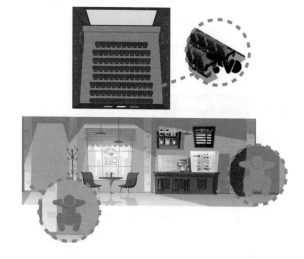

◆ **第三步：避开危险地带**

避开**玻璃窗、橱窗、高大不稳定的货架、广告牌和吊灯、吊扇**等悬挂物。

◆ **第四步：不能这么做**

不要同时涌向楼梯和出口，避免拥挤而导致踩踏事故。撤离时不要乘坐电梯。

◆ **第五步：有序撤离**

等地震平息后，听从指挥，从安全出口有序撤离到安全地带。

安全出口

第五章
震后自救与互救

时间就是生命。当地震后，由于外界的救援力量并不能第一时间赶到救援现场，因此及时开展自救互救就能最大限度地减少人员伤亡。

震后遇险被埋压如何自救

如果震后不幸被埋在了废墟中，怎么办？怎么办？怎么办呀？莫急！莫怕！跟着小编在心中默念"静、通、留、查、发、找、等"七字箴言，尽可能地摆脱困境吧！

 静 冷静，坚定信念

消除恐惧心理

鼓起生存的勇气和信心

 通 保持呼吸畅通

设法挣脱双手，清除压在身上的各种物体，最重要的是清空身体腹部以上的物体和清除口腔、鼻腔内的尘土、异物，使自己能够正常呼吸。

如果烟尘较多，注意用衣服捂住口鼻，当闻到有煤气或毒气时，要设法用湿布捂住口鼻。

留出生存空间

　　用周围可以挪动的物品来支撑身体上方的重物，以防余震导致环境进一步恶化。

　　如果身体上方存在不结实的或容易掉落的物体，要注意避开，或将上方物体清除。

 检查自己的身体状况

1. 未受重伤，可活动

　　可以尝试慢慢地把身体从重物下脱出，并探索周围何处尚留有空间，朝着有光亮、宽敞的地方挪动，寻找脱离险境的通道，冷静地设法摆脱险境。

2．受重伤，无法活动

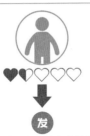

第 1 步：机智地发求救信号

用手机向外
发送信息

吹哨

用砖块敲击管
道发出声响

在夜晚打开手电筒，
利用亮光与外界联系

不要一直盲目
大声呼喊

第 2 步：寻找水和食品

水和食品要节约，在万不得已的情况下可以积存自己的尿液，通过喝尿来维持生命

第 3 步：安静地等待救援

在等待救援过程中，不要急躁和盲目行动，要尽可能保持平静
的心态，树立坚强的求生信心

震后积极开展互救

地震后，被埋压的时间越短，被救者的存活率越高。然而由于交通线路被破坏，专业的救援力量无法第一时间赶来救援，因此，积极开展互救对解救被困人员就显得十分重要。

互救要遵循以下四个原则

原则1：先易后难

先救易于救出的，如建筑物边沿或被埋压在较浅废墟中的人员。

原则2：先近后远

抓住黄金时间，先救距离自己最近的人员，提高被埋压人员的生存率。

原则3：先救青壮年和医务人员

这些人员可在后续的救援中发挥重要作用，提高救援效率与成功率。

原则4：先多后少

先救埋压人员较多的地方，以便有更多的力量加入救援队伍。

互救的具体方法

通过看、喊、听的方式寻找被埋压者。

挖掘被埋压人员时，不要站在倒塌物上，以防进一步倒塌伤人。

挖掘靠近被埋压者时，不可用利器刨挖；让其先暴露头部，清除其口鼻内异物，保持呼吸畅通，如有窒息，应立即进行人工呼吸。

在挖掘埋压者时，切勿生拉硬拽，如果埋压者受伤，应先查明伤情，包扎后再小心搬动。救出时，要注意将伤员的眼睛遮光，避免强光刺激，损害眼睛。

如果遇到无力救出的伤员，应保持伤员所处空间通风，为伤员提供一定量的水和食物，再求助他人实施营救。

　　最后，在救人时，也要时刻注意观察周围环境，保护自身安全，避免余震带来的危险。

震后防疫知多少

古人常说："屋漏偏逢连夜雨，船迟又遇打头风"。对于像地震这样的天灾人祸，突如其来，甚至会给人类带来巨大的灾难。然而地震之后有时却会接连暴发瘟疫，对震区的民生造成进一步的破坏，可谓是雪上加霜！

那么在卫生医疗条件如此发达的今天，我们是否能够摆脱"大震之后有大疫"的怪圈呢？

震后会出现哪些传染病

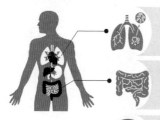

1．呼吸道传染病

流行性感冒、水痘、流行性腮腺炎等。

2．肠道传染病

痢疾、霍乱、其他感染性腹泻等。

3．虫媒及自然疫源性疾病

登革热、钩体病、鼠疫等。

震后为什么会出现传染病

◆居住环境受影响

1．水电、食物供应中断

在供应中断的情况下灾区群众往往饮用未进行杀菌处理的井水、泉水、水库里的积水，或食用变质食物等，导致细菌感染。

2．露天宿营条件差

震后天气变化大，灾区群众心里紧张，综合作用下，免疫力降低，容易感染疾病。

3．人口密度突然加大

人员之间接触频繁，易造成传染病迅速在人群之间传播。

◆公共卫生条件受影响

1．生活垃圾、积水得不到及时处理

容易污染水源、滋生苍蝇等，造成细菌传播。

2．尸体得不到及时处理

尸体腐败后容易带来污染，若是地震发生在温度相对较高、雨水较充分地区，更容易引发污染问题。

震后如何预防控制传染病

◆注意饮水安全和饮食卫生

- 不喝生水，应将消过毒的水煮沸后再饮用。
- 洗菜、煮饭、漱口等日常生活用水须使用消过毒的清水。

- 使用后的餐具要及时清洗和消毒。
- 注意食品保质期，不吃变质食品。存放食物要注意防蝇、防虫。
- 不吃死因不明的禽畜和鱼虾，不捕捉、不食用野生动物。

避免蚊、蝇和老鼠传播疾病

- 救灾帐篷要搭建在地势较高、干燥向阳地带，保持一定坡度，以利于排水和保持地面干燥。
- 床铺应离开地面，减少人与鼠或媒介昆虫等的接触机会。
- 采取灭蚊措施，防止蚊虫叮咬。

做好公共卫生和个人防护

- 做好临时安置点的垃圾清理、转运，保持安置点内清洁干净。做好环境消毒工作。

- 勤洗手、多通风、人员密集处佩戴口罩、做好个人和家庭成员的健康监测，如有不适应尽快就诊。

附　录

家庭防灾避险
提示清单

近年来的地震中，30%～50%伤者受伤的原因是家具类的翻倒、掉落、移动，家中摆放不当的家具、窗台上的盆栽，很有可能在地震时坠落砸伤人，我们一起来跟着清单中的路线排查和清除这些风险隐患吧。

阳台：

☐空调外机悬挂架是否生锈老化？
　解决措施：及时联系技术人员修理更换。
☐花盆是否容易掉落？
　解决措施：放置到地面并配合防滑垫。

客厅/卧室等：

☐吊挂式照明器具是否稳固？
　解决措施：加装链条防止摇晃及坠落。
☐桌椅、书柜、衣柜是否容易翻倒？
　解决措施：进行修理加固，并配合防滑垫。
☐冰箱、电视等大型家电是否安全？
　解决措施：放置在不妨碍避难的地方，顶部不要放置容易掉落的物品。
☐壁画等悬挂物是否稳固？
　解决措施：可以用钉子，也可以用轨道或挂画缆绳固定。

厨房：

☐餐具、厨具、刀具是否摆放安全？
　解决措施：采用即使翻倒也不会阻挡避难路线的放置方法，或收纳到箱子、柜子中。

楼道：

☐是否清除了杂物，不影响人员撤离？
　解决措施：清除楼道内的纸箱等易影响走动的物品，保持楼道通行畅通。